Bibliografische Information der Deutschen Nationalbibliothek:

Die Deutsche Bibliothek verzeichnet diese Publikation in der Deutschen National-bibliografie; detaillierte bibliografische Daten sind im Internet über http://dnb.d-nb.de/ abrufbar.

Impressum:

Copyright © 2013 GRIN Verlag
Druck und Bindung: Books on Demand GmbH, Norderstedt Germany
ISBN: 9783668858411

Dieses Buch bei GRIN:

https://www.grin.com/document/452039

Björn Arne Schnurr

Die Herstellung von schottischem Whisky

GRIN Verlag

Universität Hamburg

Fakultät 6: Mathematik, Informatik und Naturwissenschaften

Fachbereich Chemie

Sommersemester 2013

Veranstaltung: Praktische Lebensmittelverarbeitung

Modul: CHE 507 Praktische Lebensmittellehre

<u>Hausarbeit</u>

Die Herstellung von schottischem Malt Whisky

Björn Arne Schnurr
Lehramt Berufliche Schulen
Ernährungs- und Haushaltswissenschaften
Unterrichtsfach: Sozialwissenschaften

Inhaltsverzeichnis

<u>Die Herstellung von schottischem Malt Whisky</u>

1. Geschichtlicher Überblick

1.1. Entstehungsgeschichte der alkoholischen Gärung und Destillation

Die Herstellung von Alkohol durch Vergärung wird ca. 10.000 v. Chr. erstmals urkundlich belegt. Vergorene Getränke aus Obst (Wein) und Getreide (Bier) waren damals schon bekannt. Die Geschichte der Destillation (lat. *destillare* = herabträufeln) beginnt jedoch erst einige Jahrtausende später und die Destillation diente am Anfang auch nicht zur Herstellung von alkoholischen Getränken, da die Destillationstechnik hierfür nicht hinreichend ausgereift war. Hergestellt wurden damals mit Hilfe der Destillationstechnik Salben und Duft- und Riechstoffe (ätherische Öle). Die ersten bei Ausgrabungen gefundenen Gefäße, die eindeutig als Destilliertöpfe zugeordnet werden konnten, werden ca. auf 3.000 v. Chr. datiert und stammen aus Mesopotamien (heute: Irak). Das Wort „Al-kohol" stammt aus dem Nahen Osten und wird einem Großteil der damaligen Destillate gerecht, da es übersetzt Augenschminke bedeutet. Alkohol im heutigen Sinne konnte damals noch nicht destilliert werden, da es noch keine Vorrichtungen zur Kondensation der aufsteigenden Dämpfe gab und somit nur Stoffe destilliert werden konnten, deren Siedepunkte höher als der von Wasser lagen. Trotzdem gelang es Alchemisten im alten Ägypten alkoholische Destillate herzustellen was jedoch eher auf Zufall zurückzuführen ist. Über die Jahrhunderte entwickelten die Ägypter die Technik allerdings weiter und erfanden den Destillierhelm („Alembicus") der es überhaupt erst möglich machte die Dämpfe zu kondensieren und somit Alkohol per Destillation herzustellen. Ca. 900 n. Chr. gelang es einem persischen Arzt erstmals reinen Alkohol per Destillation herzustellen[1]. Etwa um das Jahr 1300 stellte Arnaldus de Villanova die ersten schriftlichen Anweisungen zusammen wie man aus Wein Alkohol destilliert. Auf de Villanova ist auch der Name *„aqua vitae"* (Wasser des Lebens) zurückzuführen; dieser Name steht mit der belebenden Wirkung des Destillats in Zusammenhang.[2] Während des Mittelalters wurde die Destillationstechnik vor allem von Mönchen und Alchemisten, so weit verfeinert, dass Ende des 15. Jahrhunderts der König der Destillate, der Whisky, erfunden werden konnte.[3]

---

[1] vgl. Hofmann, 2008, S. 15 ff.
[2] vgl. Luntz, 2009, S. 27
[3] vgl. Hofmann, 2008, S. 19

1.2. Geschichte des Malt Whiskys in Schottland

Wann Whisky erstmals in Schottland hergestellt wurde, ist geschichtlich nicht genau belegt. Es wird aber vermutet, dass irische Siedler im 12. Jahrhundert erstmals Whisky brannten.[4] Eine weitere Annahme ist, dass Mönche sich die Destillationstechnik in den Klöstern auf ihren Reisen nach Rom aneigneten und ihre Erkenntnisse in Schottland in die Tat umsetzten. Da es dort keine Trauben gab, dafür aber reichlich Getreide, stellten sie ihr *„uisge beatha"* (schottisch-gälisch für *aqua vitae*) aus einem bierähnlichem Getränk her. Es ist schwer zu bestimmen wie Whisky wirklich entdeckt wurde, da Mythologie und Wirklichkeit scheinbar nahtlos ineinander übergehen; es existiert jedoch ein Dokument einer Finanzbehörde vom 24.08.1494 welches belegt, dass Schottland die älteste Whiskynation der Welt ist.[5]

2. Definition Whisky

Whisky gehört zur Gruppe der Getreidebranntweine, die durch die Destillation vergorener Getreidemaische gewonnen werden. Als Getreide wird hauptsächlich Gerste verwendet, es können jedoch auch Getreide wie Roggen, Mais oder Weizen verwendet werden. Für Malt Whisky darf nur Gerste verwendet werden. Im Durchschnitt enthält Whisky ca. 0,1 % Extrakt, die restlichen 99,9% bestehen aus Wasser und Ethanol. Laut EG-Verordnung darf das Destillat maximal zu 94,8 Vol.-% destilliert werden und muss mindestens drei Jahre in Holzfässern mit einem maximalen Fassungsvermögen von 700 Litern gelagert werden. Bei Abgabe an den Verbraucher muss der Whisky mindestens 40 Vol.-% Alkoholgehalt aufweisen.[6]

3. Die Hauptbestandteile, Zutaten und Hilfsmittel der Whiskyherstellung

3.1. Wasser

Wasser wird während der Whiskyherstellung mehrfach benötigt. Zuerst wird die Gerste in Wasser eingeweicht um den Keimungsprozess zu ermöglichen. Im weiteren Verlauf wird es benötigt um den zuckerhaltigen Anteil aus der gemälzten Gerste zu spülen, um die Kondensatoren während der Destillation zu kühlen. Weiterhin wird Wasser zum Verdünnen des Destillats vor der Abfüllung in Eichenholzfässer verwendet und zuletzt

---

[4] vgl. Kolb et al., 2002, S. 108
[5] vgl. Hofmann, 2008, S. 20
[6] vgl. Glabasnia, 2007, S. 7

um den gereiften Whisky vor der Abfüllung in Flaschen auf Trinkstärke (40-46 Vol.-%) herabzusetzen.[7]

3.2. Gerste

Für die Herstellung von Malt Whisky wird ausschließlich zweireihige Gerste verwendet. Die Körner sind größer, gleichmäßiger und ergiebiger als die der sechsreihigen Gerste. Zudem kommt nur Gerste der ersten drei Qualitätsstufen (insgesamt 9 Qualitätsstufen) zur Verwendung. Viele Whiskyhersteller benutzen auch heute noch ausschließlich schottische Gerste, die sie für ihre hohe Qualität schätzen. Diese ist zum Einen auf die langen kalten Winter, durch welche die Insekten im Boden abgetötet werden und damit den Einsatz von Pestiziden stark minimieren und zum Anderen auf die langen Sommertage, welche einen gleichmäßigen Wachstum der Körner begünstigen, zurückzuführen. Allerdings wird aus Mangel an schottischer Gerste auch Gerste aus z.B. Frankreich oder England importiert.[8]

3.3. Hefe

Hefen sind den Pilzen verwandte Mikroorganismen, die in Kulturen gezüchtet werden. Es gibt viele verschiedene Hefearten, die produktspezifisch eingesetzt werden. Viele Destillerien besitzen eigene Hefekulturen, welche über viele Jahre gezüchtet und zum Teil weiterentwickelt wurden. Sie sind mitverantwortlich für den typischen Geschmack des Whiskys dieser Destillerien. Oft wird die Hefe von den Destillerien aber auch von Hefeherstellern flüssig oder trocken in Klumpen- oder Pulverform gekauft.

Hefe bewirkt, dass die aus gemälzter Gerste gewonnene Stärke bzw. Zucker im Gärbottich in Alkohol umgewandelt wird. Hefen können jahrelang schlafen, erwachen jedoch schlagartig wenn sie auf Nahrung, im Fall der Whiskyherstellung Stärke bzw. Zucker, treffen. In diesem Fall vermehren sie sich schlagartig (Verdopplung der Hefezellen innerhalb von zwei Stunden). Bei der Umwandlung von Zucker in Alkohol erzeugen sie außerdem Kohlendioxid und Wärme. Verschiedene Hefen können dem Endprodukt einen unterschiedlichen Geschmack verleihen: süß, bitter, milchig und fruchtig.

Für die Gärung werden in die Gärbottiche ca. 2-2,5 % des Inhalts an Hefe zugesetzt.[9]

---

[7] vgl. Hofmann, 2008, S. 64
[8] vgl. Hofmann, 2008, S.64
[9] vgl. Hofmann, 2008, S. 66

3.4. Torf

Torf besteht aus verrotteten Moorpflanzen und kann als eine Vorstufe der Kohle betrachtet werden. Für die Entstehung von Torf ist Kälte und viel Regen vonnöten – dies ist in Schottland durchaus gegeben. Wurde früher der Torf auch zum Beheizen der Brennblasen genutzt, wird er heute lediglich für das Darr- oder Trockenfeuer verwendet um die gemälzte Gerste zu trocknen und ihr einen rauchigen Geschmack zu verleihen. Die Destillerien haben allerdings sehr unterschiedliche Einstellungen zum Torfen, manche verzichten auch komplett auf Torf, da sie ihren Whiskys keinen rauchigen Geschmack verleihen möchten. Die Verwendung von Torf ist auch stark regionsabhängig; sind die Whiskys aus dem Gebiet *Islay* stark getorft, wird bei den Whiskys aus den *Lowlands* nur wenig getorft bzw. sogar ganz darauf verzichtet.[10]

Bei der Verbrennung von Torf entstehen Phenole, die sich für den rauchigen Geschmack verantwortlich zeigen. Phenole werden in PPM (parts per million phenols) gemessen. Die Stärke variiert von 0 ppm bei manchen *Lowland* Malt Whiskys bis zu 50 ppm bei *Islay* Malt Whiskys.[11]

3.5. Fässer

Für die Herstellung von Whisky werden ausschließlich Fässer aus Eichenholz verwendet. Dies hat zwei Gründe: Zum Einen haben die physikalischen Eigenschaften wie Härte und Flexibilität eine wirtschaftliche Bedeutung, zum Anderen spielt die chemische Zusammensetzung eine entscheidende Rolle für Farbe und Geschmack des Whiskys. Eichenholz besteht zu einem Großteil aus unlöslichen Polymeren (90-97 %) wie Cellulose, Hemicellulosen und Lignanen. Der extrahierbare Anteil liegt bei 3-10 % und setzt sich aus flüchtigen Ölen, phenolischen Säuren, Aldehyden, Tanninen, Zuckern und anorganischen Bestandteilen zusammen. Diese löslichen Anteile sind es, die maßgeblich für den Geschmack und Farbe des Whiskys verantwortlich sind.[12] Bevor die Fässer verwendet werden, kohlt man sie aus. Dieses Verfahren "erfrischt" die Fässer, so dass sie wieder kräftigere Aromen an das Destillat geben können.[13] Bei diesen, durch das *toasting* freigesetzten, Aromen handelt es sich um Whiskeylacton und die niedermolekularen Phenole Vanillin und Syringaldehyd.[14]

---

[10] vgl. Hofmann, 2008, S. 67
[11] vgl. MacLean, 2002, S. 100
[12] vgl. Glabasnia, 2007, S. 7
[13] vgl. Hoffmann, 2007, S. 36
[14] vgl. Glabasnia, 2007, S. 18

Da laut amerikanischem Whiskygesetz Fässer nur einmal für die Lagerung von Whisky benutzt werden dürfen, werden diese Fässer oft nach Schottland exportiert um dort für die Lagerung von Whiskys weiter genutzt zu werden. In Schottland gibt es keine derartigen gesetzlichen Einschränkungen über eine mehrmalige Nutzung von Fässern. Ein Großteil der dort hergestellten Whiskys werden in Ex-Bourbonfässern gelagert, sehr gerne werden jedoch auch, meist für eine Nachreifung (*finishing*), Fässer benutzt in denen vorher Sherry, Cognac, Wein o.ä. gelagert wurde. Dies verleiht dem Whisky leichte Geschmacksnoten des vorher in den Fässern gelagerten Getränks. Der mehrfachen Nutzung von Fässern sind aber auch natürliche Grenzen gesetzt: Mit der Zeit laugen die Fässer aus und sind nicht mehr in der Lage dem Whisky ausreichend Geschmack und Farbe zu verleihen.[15]

4. Die Herstellung von Malt Whisky (s. Abbildung 1, S. 16)

4.1. Das Mälzen der Gerste

Gerstenkörner enthalten als Kohlenhydratquelle überwiegend Stärke welche für die Maische in vergärbare Zucker umgewandelt werden muss. Dies geschieht durch enzymatische Prozesse die im Zuge der Keimung der Gerste erfolgen.[16]
Zuerst wird die Gerste in großen Tanks eingeweicht, dieser Vorgang dauert ca. 36 Stunden. Der Wassergehalt der Gerste steigt dabei von ca. 12 % auf ca. 45 % an.
Danach wird die Gerste in einer ca. 10cm dicken Schicht auf den Mälzboden (*malting floor*) ausgebreitet. Aufgrund der vorher aufgenommenen Feuchtigkeit beginnt die Gerste zu keimen und produziert Wärme. Damit alle Gerstenkörner gleichmäßig keimen, müssen sie ca. dreimal am Tag gewendet werden. Die Keimung der Gerste nimmt in etwa eine Woche in Anspruch.[17] In dieser Zeit entstehen zwei Enzyme:
1. Cytase: C. baut die Zellwände der Gerstekörner ab. Dadurch wird die in ihnen enthaltene unlösliche Stärke freigesetzt.
2. Diastase: D. bewirkt, daß die unlösliche Stärke in lösliche Stärke in Form von Dextrin umgewandelt wird, um dann das Dextrin noch einmal in Maltose zu transformieren. In diesem Stadium bezeichnet man die Gerste als Grünmalz.[18]

---

[15] vgl. Hofmann, 2008, S. 69
[16] vgl. Glabasnia, 2007, S. 2
[17] vgl. Hofmann, 2008, S. 71
[18] vgl. Daiches, 1969, S. 9

Wenn der Vorgang der Keimung abgeschlossen ist, wird die gekeimte Gerste in einer ca. 25cm dicken Schicht auf dem Darr- bzw. Trockenboden ausgebracht. Der Darrboden ist ein feinmaschiger Rost durch den die heiße Luft und der Rauch des darunter befindlichen Kohle- bzw. Torffeuers aufsteigen kann um die gemälzte Gerste zu trocknen und zu torfen. Torf wird dem Feuer beigegeben wenn die gekeimte Gerste noch feucht ist, da sie in diesem Zustand die Torfaromen besser aufnehmen kann. Der Vorgang der Trocknung und abschließenden Kühlung dauert in etwa zwei Tage. Während dieser Zeit muss die Gerste mehrfach gewendet werden, um eine gleichmäßige Trocknung zu gewährleisten. Der Prozeß kann beendet werden, wenn die gemälzte Gerste einen Feuchtigkeitsgehalt von ca. 4 % aufweist. Zum Schluss werden noch die Keimlinge entfernt.[19] (s. Abbildungen 2-4, S. 16 f.)

4.2. Das Maischen

Bevor mit der Maische begonnen werden kann, muss die gemälzte Gerste noch gemahlen werden. Hierbei ist es wichtig, dass der Mahlgrad weder zu fein noch zu grob ist. Wurde zu grob gemahlen, stehen nicht alle Zucker für die Hefen zur Verfügung; wurde zu fein gemahlen, können die Zucker verkleben.[20] Beim Mahlen werden idealerweise 15-20 % Schalenteile (*busk*), 75-80 % Schrot (*grist*) und 4-10 % feines Mehl (*flour*) erzeugt. Das geschrotete Malz wird in einem Maischebottich (*mash tun*) gegeben und mit heißem Wasser versetzt.[21] Diser Prozeß verläuft in drei Stufen. In der ersten Stufe wird ca. 65°C heißes Wasser hinzugegeben und verbleibt für ca. drei Stunden im Maischebottich. Danach wird die zuckerhaltige "Würze" (*word*) abgesaugt und in einen Auffangbehälter (*underback*) geleitet. Jetzt wird über 70°C heißes Wasser hinzugegeben und verbleibt für eine halbe Stunde. Zuletzt wiederholt man diesen Vorgang mit 85°C heißem Wasser. Das Wasser verbleibt diesmal nur noch ca. 15 Minuten im Maischebottich. Nach diesen drei Vorgängen kann man dem Schrot keinen weiteren Zucker mehr entziehen. Die letzte Stufe enthält nur noch ca. 1 % Zucker und wird auch nicht in den Auffangbehälter geleitet, sondern in den Heißwassertank zurückgepumpt und für die erste Stufe des nächsten Maischevorgangs verwendet. Bevor mit der Gärung bzw. Fermentierung begonnen werden kann, wird die zuckerhaltige

---

[19] vgl. Hofmann, 2008, S. 72
[20] vgl. Glabasnia, 2007, S. 4
[21] vgl. Glabasnia, 2007, S. 4

Flüssigkeit auf 22°C abgekühlt. Die im Maischebottich verbliebenen Schrotreste können zu einem hervorragenden Tierfutter verarbeitet werden.[22]

4.3. Die Gärung

Grundsätzlich ähnelt dieser Vorgang sehr stark dem Bierbrauen; mit dem Unterschied, dass in diesem Fall der Prozess aufgrund der anschließenden Destillation nicht steril verlaufen muss. Die Würze wird in große Gärbottiche (s. Abbildung 5, S. 17) (1.000 bis 69.000 l) gegeben, die zumeist aus Kiefern- oder Lärchenholz, selten aus Edelstahl, bestehen. Sie werden zu 2/3 befüllt und dann mit einer genau berechneten Menge Hefe (ca. 2-2,5 %) versehen.[23] Bei diesen Hefen handelt es sich um *Saccharomyces cerevisiae*-Kulturen, welche aus der Würze in zwei bis vier Tagen eine Art "warmes Bier" entstehen lassen.[24] Es werden auch oft Hefemischpopulationen eingesetzt um eine verstärkte Flavourbildung zu erreichen.[25] Die Fermentierung verläuft in drei Phasen: Während der ersten Phase gewöhnen sich die Hefen an ihre neue Umgebung und erwachen aus ihrem Schlaf. In der zweiten Phase vermehren sich die Hefen stark und wandeln den Zucker in der Würze in Alkohol und Kohlendioxid um. Die Flüssigkeit beginnt zu brodeln und zu schäumen. Viele Gärbottiche verfügen über ein rotierendes Messer unterhalb des Deckels, welches den Schaum zerschlägt und durch seine Propellerform nach unten drückt. In der letzten Phase (ca. 12 Stunden) beginnt der enstandene Alkohol die Aktivität der Hefezellen stark zu reduzieren. Im Gegenzug beginnen die aus dem Malz stammenden Bakterien sich stark zu vermehren und senken den pH-Wert der Flüssigkeit ab. Dabei entwickeln sich Aromen, die für den Geschmack des späteren Whiskys von Bedeutung sein können. Allerdings muss die Zeit für die Fermentierung genau eingehalten werden: Zwar ergibt eine längere Gärung einen komplexeren Whisky, jedoch besteht auch die Gefahr, dass die Flüssigkeit zu sauer und im schlimmsten Fall zu Essig wird.[26] Insgesamt ist die Fermentation sehr wichtig für die Herausbildung des typischen Whiskycharakters da die hierfür wichtigen Komponenten und Reaktionspartner bei der Biosynthese von höheren Alkoholen, Fettsäuren, Estern und Carbonylverbindungen während der Fermentation entstehen.[27]

---

[22] vgl. Hofmann, 2008, S. 75 f.
[23] vgl. Hofmann, 2008, S. 77
[24] vgl. Glabasnia, 2007, S. 4
[25] vgl. Kolb et al., 2002, S. 111
[26] vgl. Hofmann, 2008, S.77
[27] vgl. Kolb et al., S. 111

Das Produkt der Gärung ist ein bierähnliche Getränk mit einem Alkoholgehalt von 6-8 Vol.-% und wird als *wash* bezeichnet. Bis zur Destillation der *wash* wird diese in Tanks zwischengelagert.

4.4. Die Destillation

Die *wash* wird nun in die kupfernen Brennblasen (*pot stills*) geleitet und gebrannt bzw. destilliert. Es werden vier verschiedene Haupttypen von Brennblasen unterschieden, zur Anwendung kommen jedoch größtenteils die klassischen zwiebelförmigen *pot stills* (s. Abbildung 6, S. 17). Bei diesen ist die Länge und Dicke des Halses von großer Bedeutung. Ein kurzer dicker Hals erlaubt es dem Alkoholdampf schnell in den Kopf der *still* aufzusteigen und von dort durch ein Rohr (*lyne arm*) in den Kondensator zu gelangen. Als Resultat ist ein schwerer, öliger Whisky zu erwarten. Ist der Hals lang und schmal, braucht der Alkoholdampf länger für den Weg zum Kopf der *still,* beginnt bereits zum Teil am Hals zu kondensieren und fällt wieder in die Brennblase zurück. Resultat wird ein weicherer Whisky sein.[28] Grundsätzlich wird bei der Destillation der Alkohol aufgrund seines niedrigeren Siedepunkts (78,3°C) vom Wasser getrennt und anschließend kondensiert. Bei schottischen Malt Whiskys wird in der Regel zweimal destilliert, in ganz wenigen Außnahmefällen (z.B. bei *Auchentoshan*) erfolgt eine dreifache Destillation. Je öfter destilliert wird, desto höher wird der Alkoholgehalt und die Reinheit des Destillats. Die Geschwindigkeit der Destillation ist ebenfalls sehr wichtig für die Qualität des Destillats. Wird die *wash* sehr langsam destilliert, werden Fuselalkohole und andere unerwünschte Gärbegleitprodukte abgetrennt. Der Anteil an Methylalkohol stellt normalerweise kein Problem mehr dar, weil modern Gärhefen so gezüchtet werden, dass sie keinen Methylalkohol mehr produzieren. Schwerer flüchtige Verbindungen bleiben größtenteils mit dem Wasser in den *pot stills* zurück. Grundsätzlich wird bei der Destillation zwischen Vor-, Mittel-, und Nachlauf unterschieden. Von Interesse für die weitere Verwendung ist nur der Mittellauf (*middle cut*); mit dem Vorlauf werden lediglich leichter flüchtige Verbindungen eliminiert. Der Nachlauf, der schwerer flüchtige Gärbegleitstoffe wie Propanol enthält, wird in die ursprüngliche Brennblase zurückgeführt und mit der nächsten Charge erneut destilliert.[29]

---

[28] vgl. Hofmann, 2008, S. 78
[29] vgl. Glabasnia, 2007, S. 5

4.4.1. Die erste Destillation

Die *pot stills* für die erste Destillation werden als *wash stills* oder *low wines stills* bezeichnet und sind zumeist deutlich größer als die *pot stills* für die zweite Destillation. Ihr Fassungsvermögen variiert von knapp 1.000 Litern bis 30.000 Liter. Die *wash stills* werden bis gut zur Hälfte, maximal zu zwei Dritteln mit *wash* befüllt. Danach wird die *wash still* knapp unter die Siedetemperatur von Wasser aufgeheizt. Die in ihr befindliche Flüssigkeit beginnt zu brodeln und schäumen. Der Brennmeister (*stillman*) ist sehr darauf bedacht die Flüssigkeit nicht zu schnell zu erwärmen, da es ungünstig wäre wenn der Schaum über den Schwanenhals den Kondensator erreicht. Außerdem wird dadurch verhindert, dass sich heftige und ölige Stoffe im Schwanenhals festsetzen, wodurch der Whisky ein beißendes Aroma erhalten würde. Da Alkohol bereits bei 78,3°C siedet, kann er durch dieses Verfahren vom Wasser, der Hefe und den vielen anderen in der *wash* enthaltenen Stoffen getrennt werden. Der Alkoholdampf steigt den Schwanenhals hinauf und gelangt von dort, über den nach oben oder unten gewinkelten *lyne arm,* in den Kondensator und wird dort verflüssigt. Die Dauer der Destillation steht in Abhängigkeit zur Größe des verwendeten Brennkessels. Mit einem 24.000 Liter fassenden *pot still,* der mit 16.000 Litern befüllt ist, können in einer Stunde ca. 1.000 Liter Destillat hergestellt werden. Aus der in den Brennkessel eingefüllten Flüssigkeit kann knapp ein Drittel Destillat gewonnen werden. Der Brennvorgang wird abgebrochen wenn die Flüssigkeit im Brennkessel noch ca. 1 Vol.-% Alkohol enthält. Der in der ersten Destillation gewonnene Rohbrand (*low wines*) enthält ca. 20-27 Vol.-% Alkohol und wird vor der zweiten Destillation in einem Tank zwischengelagert. Nach der Destillation muss der Brennkessel von Rückständen gereinigt werden. Diese werden als eine Art Sirup eingedickt und zusammen mit den Maischerückständen als Tierfutter verwendet.[30]

4.4.2. Die zweite Destillation

Die zweite Destillation dient dazu die noch vorhandenen giftigen oder geschmacklich nachteiligen Stoffe (unreine Alkoholarten, Öle sowie Verbindungen aus Wasser-, Sauer- und Kohlenstoff) zu entfernen und den Alkohoanteil des Destillats zu erhöhen. Hierzu wird der Rohbrand in die sog. *spirit still* geleitet. Der Brennmeister trennt bei der zweiten Destillation das Destillat in Vorlauf (*foreshot*), Mittellauf (*middle cut*) und

---

[30] vgl. Hofmann, 2008, S. 80

Nachlauf (*feints*). Dies geschieht mit Hilfe des *spirit safe* (s. Abbildung 7, S. 18), einem meist sehr dekorativem Kasten aus Glas, der aus steuerlichen Gründen verschlossen sein muss. Somit besteht auch keine Möglichkeit das Destillat zu probieren. Um trotzdem den richtigen Zeitpunkt zum Umschalten von Vor- auf Mittellauf und von Mittel- auf Nachlauf zu treffen, enthält dieser verschiedene Vorrichtungen wie z.B ein Alkoholmeter mit dem man den Alkoholgehalt messen kann. Eine weitere Möglichkeit ist das Destillat in ein, im *spirit safe* enthaltenes, Gefäß mit Wasser zu geben. Anhand des Grades der entstehenden Trübung kann die Reinheit des Destillats festgestellt werden. Verwendet für die Lagerung wird lediglich der Mittellauf.[31] Der Vorlauf besteht aus Mischungen mit niedrigem Siedepunkt, die generell nicht zum Trinken geeignet sind.[32] Er ist ziemlich ölig und enthält viele ungenießbare Stoffe wie z.B. Ester (Gruppe organischer Verbindungen, z.B. Essigsäure).[33] Der Nachlauf besteht aus öligen und schlecht riechenden und schmeckenden Mischungen, die dem Whisky einen muffigen, öligen und schlechten Geschmack verleihen würden.[34] Der *middle cut*, auch *heart of the run* genannt, weist einen Alkoholgehalt von 68-74 Vol.-% auf. Entscheidend für die Qualität des Whiskys ist der richtige Zeitpunkt des Umschaltens von Vor- auf Mittellauf und von Mittel- auf Nachlauf. Gerade im ersten Teil des Mittellaufs sind viele Aromen enthalten, die dem Whisky später seinen typischen Geschmack verleihen. Im Nachlauf befinden sich viele unerwünschte Aromen, welche die Qualität des Whiskys beeinträchtigen können. Diese treten in etwa auf wenn das Destillat einen Alkoholgehalt von 67 Vol.-% aufweist. Wartet der *stillman* zu lange mit dem Umschalten, wird der Whisky derb und hart; wird der Mittellauf zu früh gestoppt, fehlt es dem Whisky später an Charakter. Wann genau der *middle cut* beendet wird, ist ein wohlgehütetes Geheimnis jeder Destillerie und ihres Brennmeisters. Der Vorlauf und der Nachlauf werden nach der Destillation wieder den *low wines* zugeführt und erneut destilliert. Der Mittellauf wird als "Roh-Whisky" (*new make*) der Fassabfüllung zugeführt. Die *spirit still* muss nach jedem Destillationsvorgang gereinigt werden.[35]

---

[31] vgl. Hofmann, 2008, S. 80
[32] vgl. Luntz, 2009, S. 56
[33] vgl. Hofmann, 2008, S. 80
[34] vgl. Luntz, 2009, S. 56
[35] vgl. Hofmann, 2008, S. 80 ff.

5. Der Weg vom Destillat zum Whisky in der Flasche

Nach den beschriebenen Produktionsschritten folgt jetzt der zeitintensivste Abschnitt der Whiskyherstellung. Er ist von großer Bedeutung für die Qualität des Endproduktes.

5.1. Die Abfüllung des Destillats in Fässer

Bevor der Roh-Whisky in Fässer abgefüllt wird, setzt man ihm in der Regel noch Wasser zu, bis ein Alkoholgehalt von 63,5-68,5 Vol.-% erreicht ist.[36] Dies bewirkt, dass der Whisky schneller reift und hat somit durchaus auch kommerzielle Gründe. Würde man den Roh-Whisky auf unter 63,5 Vol.-% verdünnen, bestünde die Gefahr, dass er nach der Lagerung einen zu niedrigen Alkoholgehalt aufweist. Aus diesem Grund wird bei Abfüllungen, bei denen man von einer sehr langen Lagerzeit ausgeht, auf den Zusatz von Wasser verzichtet.[37]

5.2. Die Lagerung und Reifung in Eichenholzfässern

Bevor das Destillat als Whisky bezeichnet werden darf, muss er für mindestens drei Jahre im Eichenholzfass gelagert werden. Meistens dauert die Lagerzeit aber acht Jahre und länger.[38]

5.2.1. Was passiert mit dem Destillat während der Lagerung?

„Bei der Reifung wird der Charakter des Whisk(e)y so gravierend beeinflusst, daß es Stimmen gibt, die ihr die größte Bedetung zumessen. Dabei spielt die Dauer der Lagerung eine Rolle, aber ebensosehr die Art und Qualität des Einzelfasses wie auch das Mikroklima, das in und um das Warehouse herrscht."[39]
Schottischer Malt Whisky wird in bereits benutzten Fässern gereift in denen vorher Bourbon Whisky, Sherry, Portwein o.ä. gelagert wurde. Diese Fässer geben weniger holztypische Farben und Aromen an das Destillat ab als frische Fässer, jedoch sind sie in der Lage auch Farben und Aromen, der zuvor in ihnen gelagerten Spirituose, auf das Destillat zu übertragen. Eichenholz eignet sich besonders gut, da es sehr porös ist und das Fass dadurch atmen kann.[40] Während der langen Lagerzeit nimmt der Whisky Gerbstoffe aus dem Holz auf. Diese üben, neben den in Abschnitt 3.5. beschriebenen

---

[36] vgl. Kolb et al., 2002, S.112
[37] vgl. Hofmann, S. 83
[38] vgl. Whisky Society
[39] Schobert, 1999, S.475
[40] vgl, Hoffmann, 2007, S. 36

Stoffen, einen großen Einfluss auf den Geschmack des Whiskys aus. Auch der Wechsel von Wärme und Kälte lässt den Whisky im Holz arbeiten und sorgt dafür, dass mehr Holzinhaltsstoffe extrahiert werden können.[41] Aufgrund des leicht sauren pH-Wertes des Destillats kommt es zu hydrolytischen Prozessen, die zum Abbau geschmacksaktiver Verbindungen bzw. zur Bildung neuer geschmacklicher Substanzen führen.[42] So reift das Destillat über die Jahre in den Fässern zu einem milden und feinen Whisky heran. Die optimale Dauer der Lagerung hängt von verschiedenen Faktoren ab: Alkoholgehalt des Destillats, Wechsel von Temperatur und Luftfeuchtigkeit in den Lagerhäusern sowie der Größe der verwendeten Fässer. Oft wird der Geschmack des Whisky durch Fass-*finishing* gezielt beeinflusst. Hierzu werden die Whiskys für einen Zeitraum von wenigen Monaten in Sherry-, Brandy-, Weinfässern o.ä. nachgelagert. Nach der Lagerung weisen Whiskys einen Alkoholgehalt von 50-60 Vol.-% auf.[43]

5.2.2. Die Lagerräume

Auch die Lagerräume üben Einfluss auf den Geschmack des Whiskys aus. Bevorzugt werden immer noch kleine einfache Steinhäuser mit Naturböden (s. Abbildungen 8 u. 9, S. 18 f.) und natürlichen klimatischen Bedingungen, und dies obwohl mittlerweile klimatische Bedingungen exakt mit Hilfe moderner Technik simuliert werden können. Auch die Umgebung der Lagerhäuser wirkt sich auf den Geschmack des Whiskys aus. So nehmen z.B. Whiskys, die in Lagerhäusern nah am Meer gelagert wurden (z.B. *Bowmore*) einen leicht salzigen Geschmack an.[44]

5.2.3. Der Anteil der Engel

Während der Lagerung verdunsten pro Jahr ca. 2% des Fassinhaltes. Dies nennen die Schotten den „Anteil der Engel" (*angels share*). Wie groß dieser Anteil ist, hängt von verschiedenen Faktoren ab: der Temperatur, dem Mikroklima in dem das Fass gelagert wird, aber auch von der Qualität und Beschaffenheit des Fasses selber.[45]

---

[41] vgl. Hofmann, 2008, S. 84
[42] vgl. Glabasnia, 2007, S. 20
[43] vgl. Hofmann, 2008, S. 84 f.
[44] vgl. Hofmann, 2008, S. 85
[45] vgl. Schobert, 1999, S. 26

5.3. Letzte Arbeitsschritte und Abfüllung in Flaschen

Hat der Whisky die angestrebte Reife und das gewünschte Fassalter erreicht, kann er in Flaschen abgefüllt werden. Da, wie bereits beschrieben, jedes Fass einen eigenen Charakter hat, werden um einen gleichbleibenden Geschmack des Whiskys einer Sorte zu gewährleisten verschiedene Fässer miteinander „vermählt". Dabei werden verschiedene Fässer in einen Bottich zusammengeschüttet und vermischt. Stammen alle Fässer aus einer Destillerie darf das Endprodukt als *Single Malt* bezeichnet werden. Werden Whiskys verschiedener Altersstufen miteinander vermischt, so bestimmt der jüngste verwendete Whisky die Altersangabe auf dem Etikett der Flasche. Danach wird der Whisky gesiebt und gefiltert um evtl. vorhandene Rückstände aus der Fasslagerung zu eliminieren. Vor der Abfüllung in Flaschen wird der noch fassstarke Whisky mit Wasser auf Trinkstärke (40-46 Vol.-%) verdünnt und evtl. mit Zuckercouleur „geschönt". Dies geschieht wenn der Whisky nicht den gewünschten dunklen Goldton aufweist. Allerdings geht der Trend glücklicherweise wieder dahin, den Whisky in seiner Originalfarbe zu belassen. Heute besitzen nur noch wenige Destillerien Flaschenabfüllanlagen, daher nutzen die meisten Destillerien die großen zentralen Abfüllbetriebe, die sich in der Nähe der beiden größten schottischen Städte Glasgow und Edinburgh befinden.[46]

---

[46] vgl. Hofmann, 2008, S. 86 f.

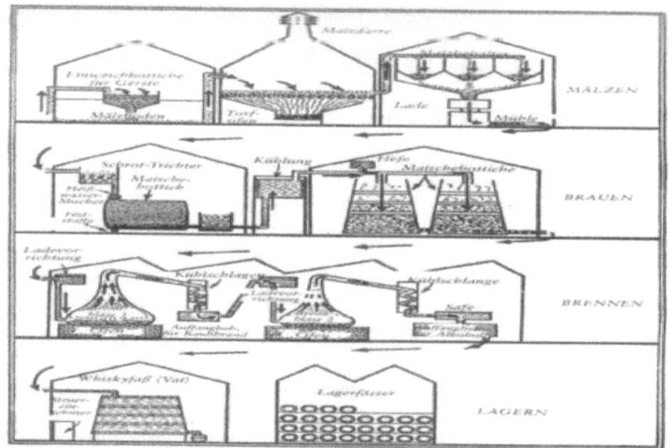

Abbildung 1: Whiskyherstellung (schematisch)
Quelle: http://www.scotch-whisky-friends.wg.vu/land_herstellung_tasting___informationen____/ (Stand: 20.05.2013)

Abbildung 2: Keimboden
Quelle: http://www.spinagel.de/wie-wird-der-islay-single-malt-whisky-gemacht/ (Stand: 30.05.2013)

Abbildung 3: Torffeuer
Quelle: http://www.spinagel.de/wie-wird-der-islay-single-malt-whisky-gemacht/ (Stand: 30.05.2013)

Abbildung 4: Trocken- bzw. Darrboden
Quelle: http://www.spinagel.de/wie-wird-der-islay-single-malt-whisky-gemacht/ (Stand: 30.05.2013)

Abbildung 5: Gärbottiche (washbacks)
Quelle: http://www.spinagel.de/wie-wird-der-islay-single-malt-whisky-gemacht/ (Stand: 30.05.2013)

Abbildung 6: Pot stills
http://www.whisky.de/whisky/wissen/herstellung00/herstellung1/das-brennen-destillieren.html (Stand: 30.05. 2013)

Abbildung 7: Spirit safe
Quelle: http://www.spinagel.de/wie-wird-der-islay-single-malt-whisky-gemacht/ (Stand: 30.05.2013)

Abbildung 8: Lagerhaus (Innenansicht)
Quelle: http://www.spinagel.de/wie-wird-der-islay-single-malt-whisky-gemacht/ (Stand: 30.05.2013)

Abbildung 9: Klassische Lagerhäuser aus Stein
Quelle: http://www.fotocommunity.de/pc/pc/display/24881983 (Stand: 30.05.2013)

Literaturverzeichnis

Daiches, David (1969): Scotch Whisky – it´s past and present, London (UK): André Deutsch Limited

Glabasnia, Arne (2007): Molekulare und sensorische Untersuchungen zu geschmacksgebenden Verbindungen in Whiskey sowie von verarbeitungsbedingt gebildeten Ellagtannin-Transformationsprodukten, Münster: Schüling Verlag

Hoffmann, Marc A. (2007): Whisky – Marken aus der ganzen Welt, Bath (UK): Parragon

Hofmann, Peter (2008): Whisky – die Enzyklopädie: Kultur, Geschichte, Herstellung, Genuss und die Whik(e)y-Destillerien weltweit, Baden und München: AT Verlag

Fauth, R., Frank, W., Kolb, E., Simson, I., & Ströhmer, G. (2002): Spirituosentechnologie, Hamburg: B. Behr´s Verlag GmbH & Co.

Luntz, Perry (2009): Whiskey, Whisky & Co. für Dummies, Weinheim: Wiley-VCH Verlag GmbH & Co. KGaA

MacLean, Charles (2002): Malt Whisky – Lebenswasser und Kulturgetränk, München: Collection Rolf Heyne GmbH & Co KG

Schobert, Walter (1999): Das Whisky-Lexikon, Frankfurt/Main: Wolfgang Krüger Verlag

Whisky Society (2013): Whisky Datenbank, [„Citing sources on the internet"]. URL: www.whiskysociety.com/de/lexicon-detail---0--0--0--R.html (zuletzt abgerufen am 30.05.2013)